烦人的噪声，快停下！

〔韩〕郑延淑/文 〔韩〕崔敏吴/图 章科佳 金润贞/译

CTS ⊞ 湖南少年儿童出版社·长沙
HUNAN JUVENILE & CHILDREN'S PUBLISHING HOUSE

我们来到这个世界，最先听到的声音是什么呢？
大概是在妈妈肚子里的时候，听到的妈妈的心跳声。
妈妈看着超声波的照片，冲我们开心地打招呼，
而听了妈妈温柔又多情的声音，
孩子们的小心脏也跳得更欢实了。

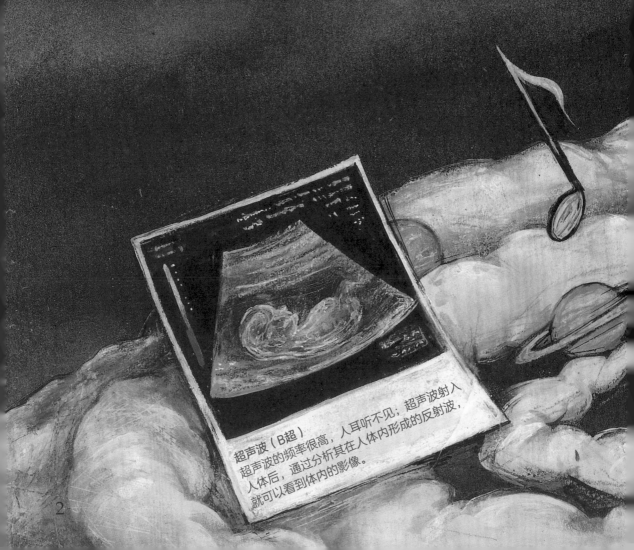

超声波（B超）
超声波的频率很高，人耳听不见；超声波射入
人体后，通过分析其在人体内形成的反射波，
就可以看到体内的影像。

可爱的小宝贝，长得很健壮嘛。

3

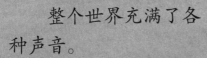

整个世界充满了各种声音。

青蛙呱呱的叫声宣告着春天的来临。荠菜大酱汤咕噜咕噜的沸腾声让人直咽口水。

夏天的麻雀叽叽喳喳，叫醒了清晨。

有时还能听到呼呼的风声以及优美的歌声。

在安静的冬夜，时钟还在嘀嗒嘀嗒走个不停，睡着的孩子发出轻柔的呼吸声。人们身边被大大小小的声音包围。

到了秋天，还能听到草虫唑唑的声音。晚上听到叮咚的门铃声，就知道爸爸下班回家了。

还有的声音需要我们安静地侧耳倾听。
吹拂过草叶的风声，
干枯落叶上橡子滚动的声音，
辛勤劳作的蚂蚁的脚步声。

蚂蚁也会发出声音。

不过我们的耳朵听不到。

人越来越多，城市越来越热闹，
声音也变得越来越多，越来越大。
汽车的声音，不停歇的手机铃声，
修路的声音，建造高楼大厦的声音，
有些人会觉得充满了活力，
而更多的人会认为这些是噪声。

城市的声音太大，太吵了。

声音和噪声有什么不同呢？

你有仔细听过各种声音吗？

无论大小，声音都会带有能量向外传递，

这就是声波。

声波的大小可以用数字表示，就像我们测量温度一样。

它的单位是分贝（dB）。

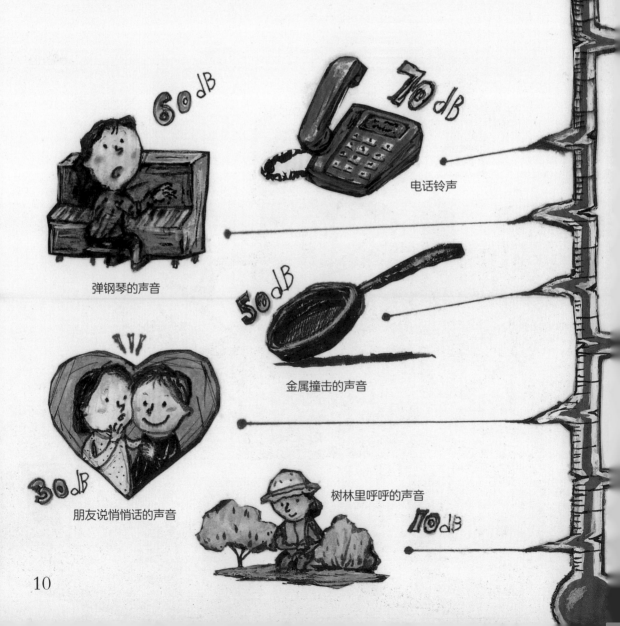

60 dB
弹钢琴的声音

70 dB
电话铃声

50 dB
金属撞击的声音

30 dB
朋友说悄悄话的声音

树林里呼呼的声音
10 dB

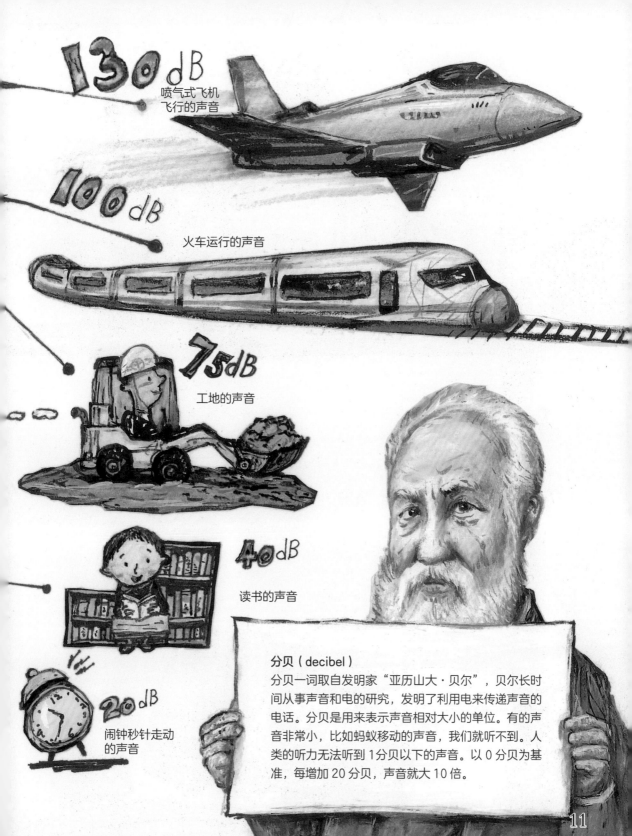

130dB
喷气式飞机
飞行的声音

100dB
火车运行的声音

75dB
工地的声音

40dB
读书的声音

20dB
闹钟秒针走动
的声音

分贝（decibel）
分贝一词取自发明家"亚历山大·贝尔"，贝尔长时间从事声音和电的研究，发明了利用电来传递声音的电话。分贝是用来表示声音相对大小的单位。有的声音非常小，比如蚂蚁移动的声音，我们就听不到。人类的听力无法听到1分贝以下的声音。以0分贝为基准，每增加20分贝，声音就大10倍。

这些声音中，有哪些是噪声呢？是大的声音吗？
超过110分贝的消防车警笛声是噪声吗？
虽然声音很大，但大多数的人并不觉得这是噪声。
因为这是去挽救生命而发出的声音。

图书馆里说悄悄话的声音是噪声吗?
虽然它的声音很小,只有30分贝,
但人们会觉得这就是噪声。
因为这妨碍了别人,让人感到不快。

13

声音是不是很神奇？

同一种声音出现在不同的时间和地点，就有可能由美妙的声音变为噪声。

贝多芬交响曲在音乐厅里听，非常雄壮，振奋人心；

但如果是从地铁里别人的耳机里漏出来的话，就会觉得非常吵闹。

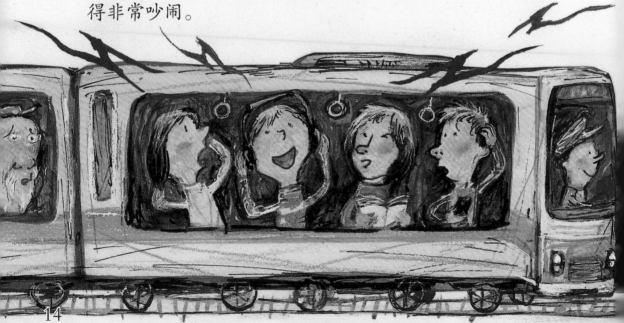

　　大白天躺在树荫里听到的蝉鸣声，
就是令人感到惬意的催眠曲，
　　而黑夜躺在床上想要睡觉的时候，
所听到的蝉鸣让人痛苦难眠。

　　所以，声音太大让人感到不舒服的是噪声，
声音虽小但让人感到不快的也是噪声。

噪声污染是一种公害，仅次于空气污染。

长时间生活在充满嘈杂的噪声的环境下，健康状态会变差，会出现抑郁症、心脏病等病症，严重的话，甚至会耳聋。

16

人们能忍受的噪声限度

不会危害人体的噪声，也被称为"噪声容许范围"。一般来说，人们白天能忍受的噪声大小为50~70分贝，如洗碗的声音或电话铃声；而晚上则是40~58分贝，如读书的声音或安静对话的声音。突然响起的电话铃声（70分贝）会诱发心脏疾病，而工地声音（80分贝以上）听久了，就会造成听觉障碍。

噪声问题还会导致邻居经常吵架。
因为嘈杂的声音和震动会通过地面和墙壁，
不分昼夜地传递到楼上楼下和左右两边。

搞什么呢！

为建设安静宜居的社区，

请各位居民控制自己的行为，不要影响邻居。

看样子得搬家了，洗手间冲水的声音，
打呼噜的声音都听得到。

喂！

这么敏感的人住什么公寓呀，自己
一个人去山里住吧。

树木也能听到噪声吗？

给一棵苹果树听柔和的古典音乐，

给另一棵听人们听起来感觉很痛苦的噪声，

结果会怎样呢？

听着美妙音乐的苹果树长势很好，结出的苹果也更多，

而听着吵闹声音的苹果树却没有结出苹果。

植物也有耳朵吗？
和动物不同，植物没有单独的耳朵。但它们会用全身听声音。音乐声到达植物最外层的细胞壁，声波振动传导至细胞壁内部的细胞质，从而被植物感受到。

噪声对动物的影响更严重。
蜜蜂需要经过安静的冬眠后，
到第二年春天才能产卵，采更多的蜜。

对面工地彻夜不停的噪声和震动
让我们无法冬眠，
我可怜的朋友们，成群地死亡。

牛妈妈因为噪声压力增大，产下的小牛身体虚弱。

道路上的噪声让我失去了健康，该怎么办才好呢？谁能帮帮我？

23

在平静而蔚蓝的大海中，又是什么情况呢？

声音在水中的传播速度要比在空气中快。

船上螺旋桨转动的声音，进行海洋资源勘探的声音，开展海底隧道工程的声音让鲸鱼非常痛苦。

大海中为什么更加吵闹?
　　海水外面发出的声音并不会传导至水面以下，因为声波会被海面反射回去。
　　但是海水中的水分子要比空气中的更加密集，所以在海水中，声音能够传播得更快、更远。
因此，同样的声音在海水中听起来要比外面更嘈杂。有一项研究表明，大海中的平均噪声分贝值高达100dB。

那么晴朗的蓝色天空安静吗？
一架喷气式飞机直冲云霄，
人们和动物都吓了一大跳，
巨大的轰鸣声似乎要震破鼓膜。
甚至有狐狸妈妈被可怕的声音吓坏而去攻击自己的孩子。
天空中产生的噪声让人们也非常头疼。

呃啊，快停下！
如何才能减少噪声呢？

29

暂停对话，
暂停弹琴，
暂停唱歌，
暂停游戏，
"嘘！"

"就一分钟。"

"嘘，就一分钟！"

就停止发出声音一分钟会怎样呢？
美国、巴西、智利、德国、意大利等
15个国家将每年4月最后一周的周三设立
为"国际噪声关注日"。
当天下午三点到三点零一分，
不发出任何的声音。
守护一分钟的安宁的同时，也能感受
到我们平时的噪声有多大，有多刺耳。

怎样才能减少噪声呢?

大海中的海豚因为噪声丧失了听力，一起制定一个《世界海洋噪声防治法》怎么样?

建筑公司应该开发出一种尖端的建筑材料，尽可能地阻隔层间噪声。

光靠隔音壁，已经不能阻隔道路上的噪声了。研究所已经开发出了隔音隧道。

汽车上都装上静音设备的话，应该很有效果。

如果大家一起努力，就能够减少噪声污染。

嘘！就一分钟。
安静地侧耳倾听吧。
现在你的耳朵听见了什么声音？
是噪声，还是其他的？

听见声音了，听见了！

我们周边充满了各种声音，永不停歇。你知道吗？我们之所以能听到声音，是因为耳朵的奇特外形和构造。让我们来了解一下听见声音的原理以及噪声听起来烦人的原因吧。

我们是怎样听见声音的呢？

我们听到声音需要经历一个复杂的过程，并且在这个过程中有很多的器官参与其中。

让我们跟着声音去耳朵里面看看吧，你就会明白我们听到声音的神奇过程。

❶ 听神经
位于耳内的感觉神经，把在耳蜗内转换成电信号的声波振动传给大脑。

❷ 耳蜗
螺旋形骨管，绕蜗轴卷曲两周半，能将声波的振动转换成大脑能够理解的电信号。声波通过鼓膜和听小骨后，触动耳蜗内的淋巴液，同时传导给听神经细胞。

❸ 听小骨
由锤骨、砧骨及镫骨三块小骨组成，它是人体内最小的骨头。振动传导到鼓膜，同时也引发三块听小骨振动，后者将振动传导给耳蜗。

❹ 鼓膜
椭圆形薄膜，厚度只有 0.1 毫米。声波进入耳朵后，会碰到鼓膜引起振动。鼓膜会像鼓一样振动，同时将声音传到耳朵内部。

❺ 耳廓
耳朵最外面的部分，负责将声音收集入耳，并感知声音的方位。耳廓朝外，且呈圆形，这样的特征有利于收集声音。

❻ 大脑
声音通过听神经传导给大脑，我们才能听见。

❼ 介质
声音向四面传播，固体、液体、气体都能成为介质。不管发出多么大的声音，在宇宙这样没有介质的空间，就什么声音也听不到。在空气中，声音使空气发生振动所以才能向外传播。

什么样的声音最吵？

❼ 声音以波的形式传播，所以也叫作声波。声波在不同的介质中，传播速度也不同。钢铁、混凝土的密度比空气大，分子间的碰撞和振动更多，在它们中声音传播得更快、更远。因此，用石头和钢铁建造的建筑物的层间的噪声，要比街边的噪声听起来更加吵闹。

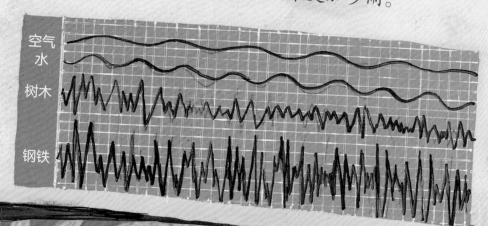

空气
水
树木
钢铁

让吵闹的世界安静下来的技术

为减少噪声污染，人们做了很多的努力，相关的科学技术也随之更新。一起来了解一下减少噪声的技术吧。

让你听你所想的机器——减少住宅的噪声

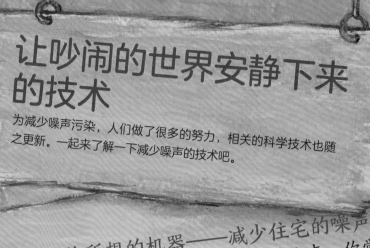

外面传来的嘈杂声音变成家中的音乐声，你觉得如何呢？有一种叫作"sono"的噪音消除器，只要将它安装在窗户上，它就会收集声音并分类分析。然后释放与外界声波形态相反的逆波，从而达到消除噪声，听你想听的效果。

可以自由变形的隔音壁——减少道路噪声

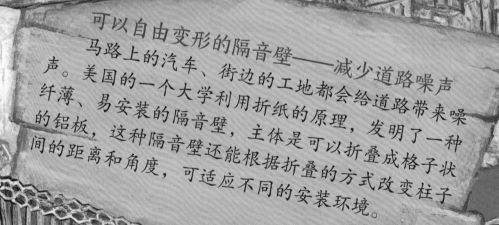

马路上的汽车、街边的工地都会给道路带来噪声。美国的一个大学利用折纸的原理，发明了一种纤薄、易安装的隔音壁，主体是可以折叠成格子状的铝板，这种隔音壁还能根据折叠的方式改变柱子间的距离和角度，可适应不同的安装环境。

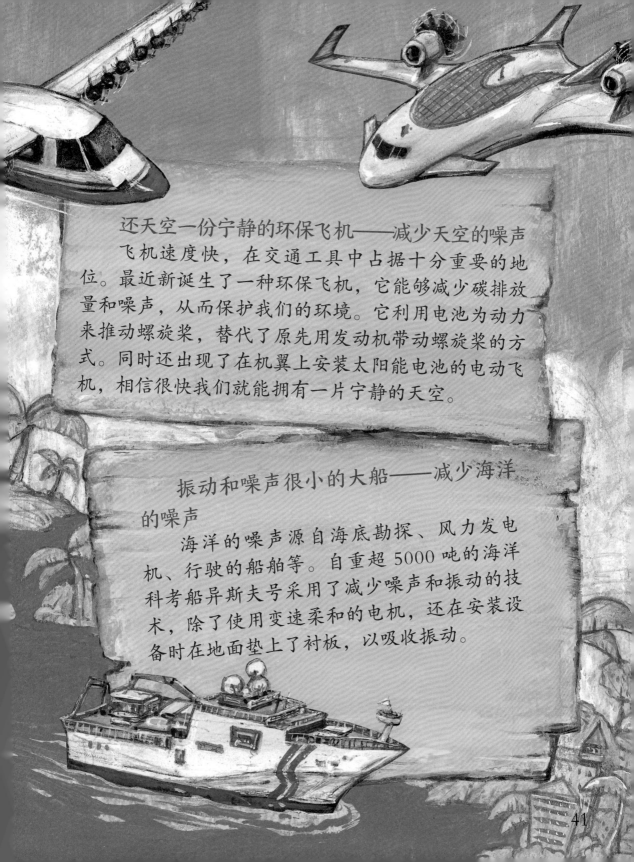

还天空一份宁静的环保飞机——减少天空的噪声

飞机速度快，在交通工具中占据十分重要的地位。最近新诞生了一种环保飞机，它能够减少碳排放量和噪声，从而保护我们的环境。它利用电池为动力来推动螺旋桨，替代了原先用发动机带动螺旋桨的方式。同时还出现了在机翼上安装太阳能电池的电动飞机，相信很快我们就能拥有一片宁静的天空。

振动和噪声很小的大船——减少海洋的噪声

海洋的噪声源自海底勘探、风力发电机、行驶的船舶等。自重超5000吨的海洋科考船异斯夫号采用了减少噪声和振动的技术，除了使用变速柔和的电机，还在安装设备时在地面垫上了衬板，以吸收振动。

减少噪声，从我做起

烦人的噪声让地球正在呻吟，只要我们多关心一下周边，就可以减少噪声。从这里，从现在，从我们家开始就行。一个个小的举动就能让地球恢复宁静。

告知邻居自己的噪声时间表

家里会不会发出很大的声音呢？比如弹钢琴、捣蒜等。那么，请制作一张表示歉意的苹果贴纸，以及一张表示感谢的柿子贴纸贴在邻居家门口吧。同时也可以把这种写明噪声时间的贴纸分享给邻居，大家一起使用。

贴纸中间写上
噪声产生的时间和事由。

还可以写上致歉和感谢的话。

减少层间噪声的方法

只要心里想邻居所想，层间噪声就可以减少到最小。请从力所能及的小事做起吧。

❶ 放轻脚步，不使劲关门。

❷ 深夜或凌晨的时候，不淋浴，不演奏乐器，不使用洗衣机或吸尘器，不使用运动器械。

❸ 电视和广播声音不要开得过大，不要让宠物大叫。

❹ 公寓住宅中要铺上地毯。如果家里有小孩子的话，地毯的厚度应该超过2厘米。

制作噪声地图

噪声地图是用不同的颜色标识某地噪声度的地图，旨在减少噪声污染。我们可以亲自去测定噪声值，也可以用预计值表示。仔细地观察自己居住地周边的噪声点，制作一份噪声地图吧。

做一个安静守护人吧

　　楼上的跑跳声，挪动家具的声音，锤子敲打声，吸尘器、洗衣机、钢琴发出的声音，宠物狗的吠叫声……想必大家都听到过这些吵闹的层间噪声吧？

　　还有汽车的噪声，地铁的噪声，工地的噪声，飞机的噪声等，我们就生活在这样一个嘈杂的充满噪声的世界。

　　因为噪声，很多人不仅压力增大，连身体健康也受到了威胁。而且噪声还影响了地球上的其他动植物的生存。

　　吵闹的地球，快停下来！

　　越来越多的人认识到噪声也是一种公害。有个女高中生因此发明了一种防止发出噪声的拖鞋，以减少层间噪声的问题。

　　道路建设工程师修筑可以减少噪声的道路，还安装了利用树木和雨水做成的环保隔音壁。

还有一个发明家发明了一种能够感知伐木工人砍树所发出的噪声的装置，用来保护树林。

　　在英国，早在 20 年前，就已经制定了《噪音防治法》来保护安静舒适的环境。

　　有一个声音收集家还录制了风声、波浪声、水稻生长等地球上的让人感到宁静的声音，向人们宣传无噪环境的珍贵。

　　减少噪声，不是光靠伟大的发明或专业的研究就能实现的。

　　大家在日常的生活中，要心怀他人和自然，自觉减少噪声，做一个"安静守护人"。

　　希望大家在阅读本书的过程中，能够一起想一想减少噪声的方法。

　　为了大自然，为了大家共同居住的环境，我们一起努力，多发出美妙的声音吧。

　　这样我们才能共同享受宁静带来的平和和幸福。

减少噪声，愉快生活

  我们周边有很多噪声，这些噪声不仅给人类，还给所有的生命体都带来了负面影响。

  因此，政府、研究所还有学界的专家都在努力设法减少噪声。

  然而，光凭部分专家的努力并不能解决这个问题。

  因为随着工业文明越来越发达，又会出现新的产生噪声的机器。

  所以需要我们每一个人的努力。

  不能让地球上的其他生命因为我们人类制造的噪声而受苦。

  希望大家阅读此书后，能够为减少噪声贡献自己的一份力量。

韩国噪声振动工程学会

孩子你相信吗？
——不可思议的自然科学书

297.20 元/全 14 册

来自
太空的垃圾

小土龙
神秘失踪案件

是谁
吃掉了森林？

哭泣的
鳄鱼皮包

天上落下了
恐龙尿

是谁复活了
森林？

将军岩的
八字胡

来历不明的
沉洞

离家出走的
蜜蜂

可怕的光污染

会发电的足球

烦人的噪声，
快停下！

吞噬鲸鱼的
怪物

青苔，
城市的守护者

图书在版编目（CIP）数据

烦人的噪声，快停下！/（韩）郑延淑文；（韩）崔敏吴图；章科佳，金润贞译．—长沙：湖南少年儿童出版社，2023.5

（孩子你相信吗？：不可思议的自然科学书）

ISBN 978-7-5562-6832-0

Ⅰ．①烦… Ⅱ．①郑…②崔…③章…④金… Ⅲ．①噪声—少儿读物 Ⅳ．① TB535-49

中国国家版本馆 CIP 数据核字（2023）第 061172 号

孩子你相信吗？——不可思议的自然科学书

HAIZI NI XIANGXIN MA? —— BUKE-SIYI DE ZIRAN KEXUE SHU

烦人的噪声，快停下！

FANREN DE ZAOSHENG, KUAI TINGXIA!

总 策 划：周　霞　　　　策划编辑：吴　蓓
责任编辑：钟小艳　　　　营销编辑：罗钢军
排版设计：雅意文化　　　　质量总监：阳　梅

出 版 人：刘星保
出版发行：湖南少年儿童出版社
地　　址：湖南省长沙市晚报大道 89 号（邮编：410016）
电　　话：0731-82196320
常年法律顾问：湖南崇民律师事务所　柳成柱律师
印　　刷：湖南立信彩印有限公司
开　　本：889 mm×1194 mm　1/16　　　印　张：3
版　　次：2023 年 5 月第 1 版　　　　印　次：2023 年 5 月第 1 次印刷
书　　号：ISBN 978-7-5562-6832-0
定　　价：19.80 元

你知道吗？
你无心发出的"声音"对旁边的人来说，
可能就是噪声。
据说噪声不仅会影响人类，
还会影响动物和植物。
各位关心爱护邻里和大自然的朋友们，
在阅读本书的时候，
请思考一下
自己能为创造一个安静的世界做些什么吧。

上架建议：少儿科普

ISBN 978-7-5562-6832-0

9 787556 268320 >

定价：19.80 元

孩子你相信吗？

不可思议的自然科学书

〔韩〕刘多贞/文　〔韩〕李广益/图　章科佳　邹长澎/译

吞噬鲸鱼的怪物

湖南少年儿童出版社